爱上数学 31

课堂里的数学

〔韩〕金泰焕 / 著　〔韩〕俞庚和 / 绘　江凡 / 译

云南出版集团　晨光出版社

目录

数与运算

图形与几何

测量与单位

统计与概率

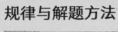

规律与解题方法

附录

数与运算

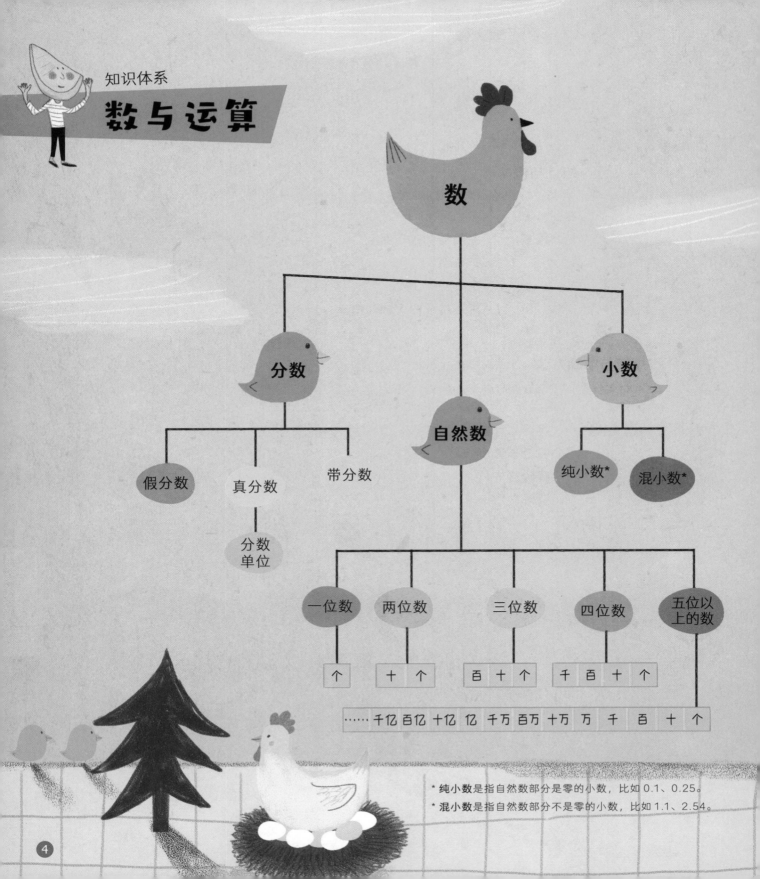

数

分数

小数

自然数

假分数　真分数　带分数

纯小数*　混小数*

分数单位

一位数　两位数　三位数　四位数　五位以上的数

个　　十　个　　百　十　个　　千　百　十　个

……千亿　百亿　十亿　亿　千万　百万　十万　万　千　百　十　个

* 纯小数是指自然数部分是零的小数，比如 0.1、0.25。

* 混小数是指自然数部分不是零的小数，比如 1.1、2.54。

运算

加法

减法

乘法

除法

数的种类是不是很多？
左边列的这些数
都能进行加减乘除运算。

仔细观察概念树

请仔细观察"数与运算"中"数"的部分。我们在小学阶段接触的数，可以分为自然数、分数和小数。自然数根据位数的不同，大小也不一样。另外值得注意的是，分数和小数可以相互转化。

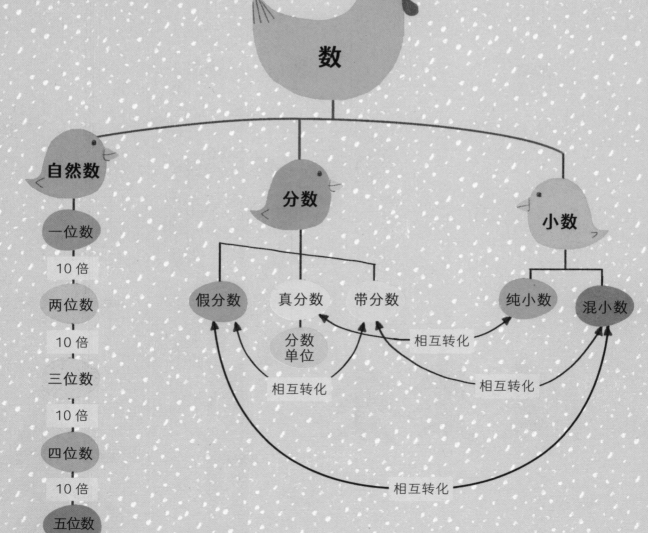

概念图解
数位和十进制

 这次为遭受水灾的灾民们募集到的捐款共有 230000000 元。这个数怎么读，表示多少钱呢？

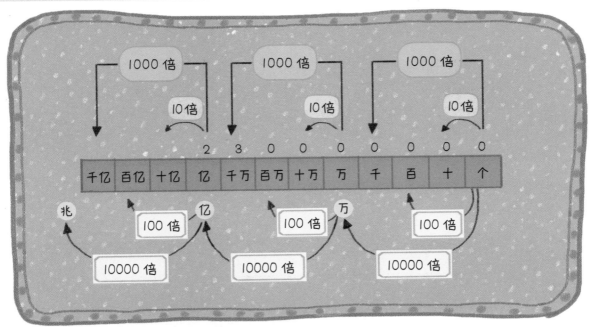

老师：我们日常使用最多的就是十进制，即相邻的两个计数单位之间的进率是十，也就是"满十进一"。我们在读数的时候，是从左往右，也就是从高位起一位一位依次往后，将每个数位的名称放在数字后面读出来就可以了。比如，千位是几就读成几千，百位是几就读成几百，十位是几就读成几十，个位是几就读成几。根据数位表，我们看到捐款的亿位数字是 2，千万位数字是 3，所以读作两亿三千万。

练一练

问 3424152 读作什么？

答 三百四十二万四千一百五十二

分数和小数

 分数和小数虽然是截然不同的两个概念，但它们的关系其实非常紧密。

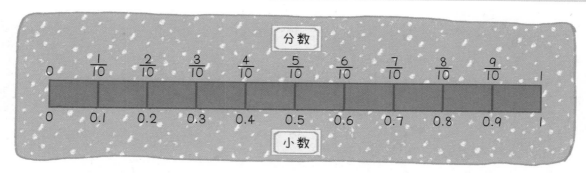

老师：分数和小数可以相互转化。分数 $\frac{1}{10}$、$\frac{2}{10}$、$\frac{3}{10}$、$\frac{4}{10}$……等于小数 0.1、0.2、0.3、0.4……

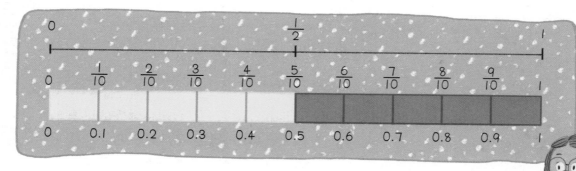

老师：要将分数换算成小数的时候，如果能把分母变成10，是最方便的。

例如我们可以将 $\frac{1}{2}$ 的分子和分母都乘5，变成 $\frac{5}{10}$，小数就是0.5。

练一练

问 $\frac{1}{2}$ 和 0.6 哪个更大？

答 0.6

分数的种类

分数的种类有很多，到底有哪几类呢？各类分数之间又有什么样的关系呢？

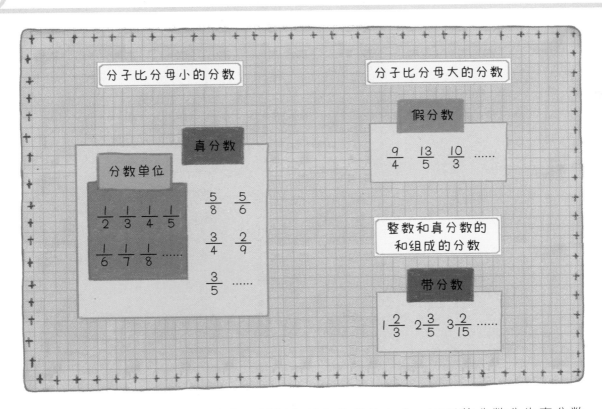

分子比分母小的分数

真分数

分数单位

$\frac{1}{2}$ $\frac{1}{3}$ $\frac{1}{4}$ $\frac{1}{5}$

$\frac{1}{6}$ $\frac{1}{7}$ $\frac{1}{8}$ ……

$\frac{5}{8}$ $\frac{5}{6}$

$\frac{3}{4}$ $\frac{2}{9}$

$\frac{3}{5}$ ……

分子比分母大的分数

假分数

$\frac{9}{4}$ $\frac{13}{5}$ $\frac{10}{3}$ ……

整数和真分数的和组成的分数

带分数

$1\frac{2}{3}$ $2\frac{3}{5}$ $3\frac{2}{15}$ ……

老师：我们先来看看分数的种类。根据分子和分母的大小，可以将分数分为真分数和假分数：分子比分母小的叫作真分数，分子大于等于分母的分数叫作假分数。有的假分数可以写成带分数。例如 $\frac{13}{5}$ 可以看作是由 $\frac{10}{5}$（也就是 2）和 $\frac{3}{5}$ 合成的数，写作 $2\frac{3}{5}$。这样整数与真分数合成的数就叫作带分数。

小兔：那么，真分数包括分数单位吗？

老师：是的。把单位"1"平均分成若干份，表示其中一份的数叫分数单位。分数单位的分子都是 1，因此也是真分数。

仔细观察概念树

　　这里的运算是指加法、减法、乘法和除法四种运算。这是小学数学的重要内容，也是学习其它数学知识的基础。而且，这四种运算之间有着密切联系：乘法，可以看作是几个相同加数的和；除法，可以看作是某个数连续减去相同减数的减法；减法是加法的逆运算，除法是乘法的逆运算。

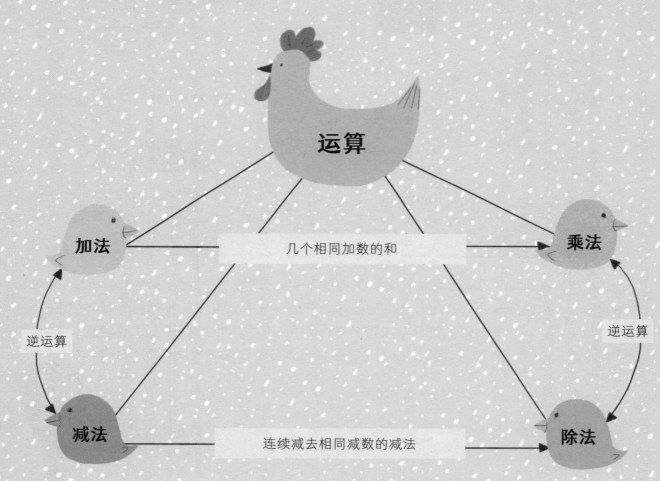

运算

加法

乘法

几个相同加数的和

逆运算

逆运算

减法

除法

连续减去相同减数的减法

加法和减法

 加法和减法虽然意义不同，但关系紧密。

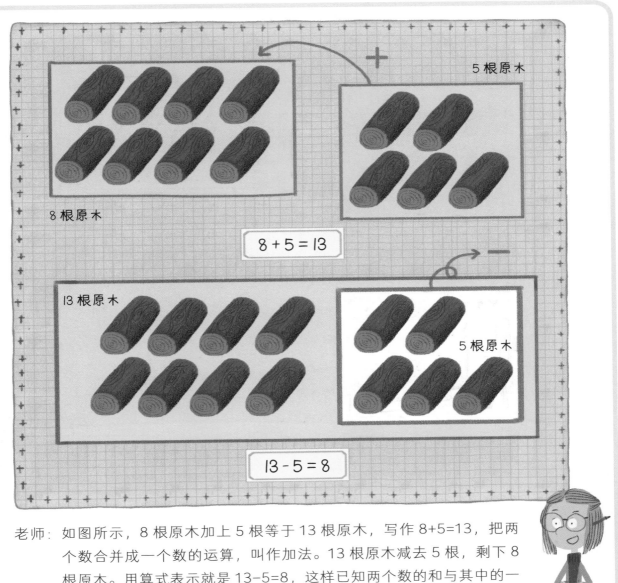

5 根原木

8 根原木

$$8 + 5 = 13$$

13 根原木

5 根原木

$$13 - 5 = 8$$

老师：如图所示，8 根原木加上 5 根等于 13 根原木，写作 8+5=13，把两个数合并成一个数的运算，叫作加法。13 根原木减去 5 根，剩下 8 根原木。用算式表示就是 13-5=8，这样已知两个数的和与其中的一个加数，求另一个加数的运算叫作减法。减法是加法的逆运算。

乘法和除法

乘法和除法有什么关系呢？下图有 3 个箱子，每个箱子有 10 个梨，一共有 30 个梨。如果将 30 个梨平均放到 3 个篮子里，那么平均每个篮子装 10 个梨。

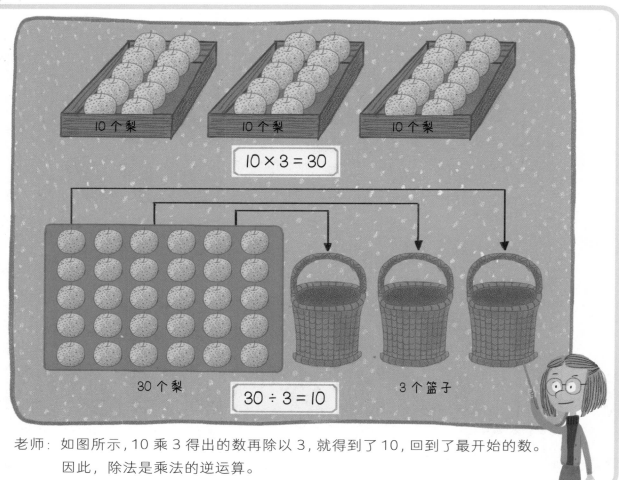

老师：如图所示，10 乘 3 得出的数再除以 3，就得到了 10，回到了最开始的数。
因此，除法是乘法的逆运算。

练一练

问 □ ×12=24 和 24÷12= □中，□里要填入的数字是几？

答 2

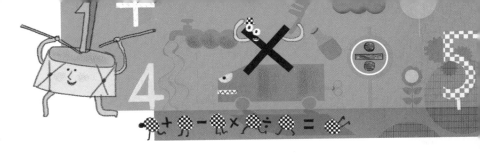

混合运算

四种运算之间还有什么联系吗？

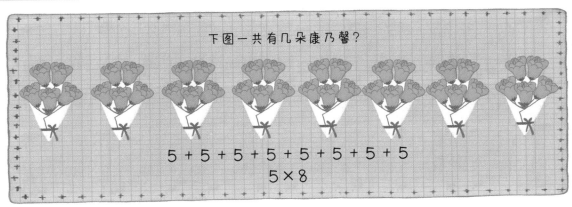

下图一共有几朵康乃馨？

$$5 + 5 + 5 + 5 + 5 + 5 + 5 + 5$$
$$5 \times 8$$

老师：上图有 8 束康乃馨，每束有 5 朵。想要计算一共有几朵康乃馨，我们可以用
5+5+5+……5，一共加 8 次，也可以用 5×8 来计算，得出一共有 40 朵花。
8 个 5 相加就等于 5 乘 8。因此，可以说几个相同加数的加法其实就是乘法。

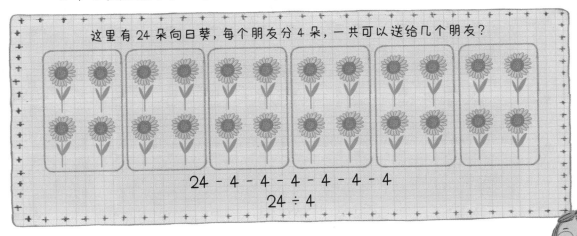

这里有 24 朵向日葵，每个朋友分 4 朵，一共可以送给几个朋友？

$$24 - 4 - 4 - 4 - 4 - 4 - 4$$
$$24 \div 4$$

老师：这次就要用到除法和减法了。要知道上面问题的答案，我们可以用
24 减 4，一直减到 0。经过计算，减 6 次后结果变成 0。因此向日
葵可以送给 6 个朋友。连续减去相同减数的减法其实就是除法的原
理。用 24 减 4 一直减到 0，减的次数就等于 24 除以 4 的商。

图形与几何

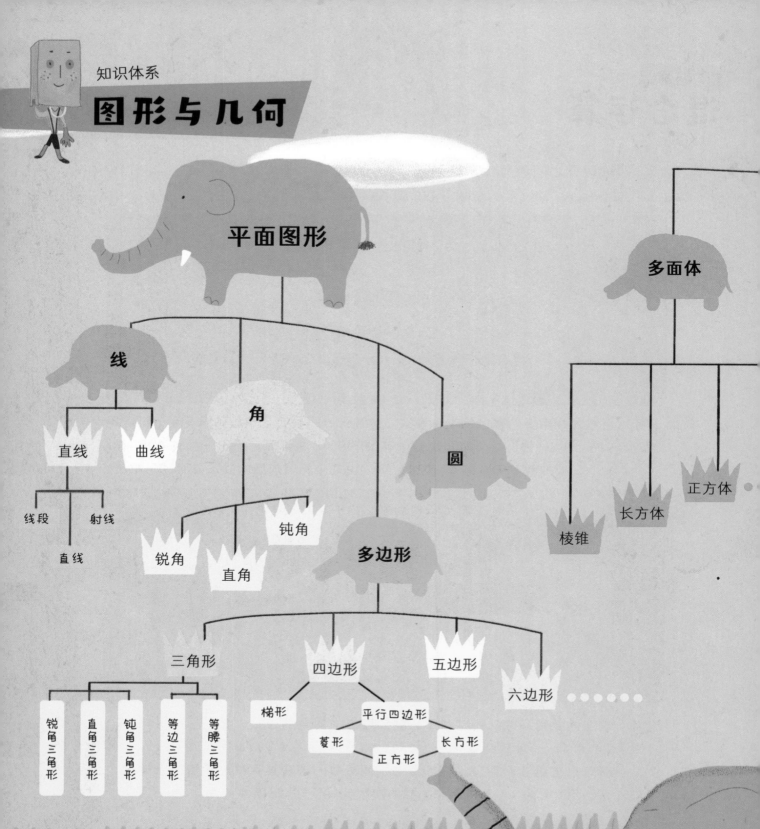

平面图形

多面体

线

角

圆

多边形

直线　曲线

线段　射线

直线

锐角

直角

钝角

棱锥　长方体　正方体

三角形

四边形　五边形

六边形 ••••••

锐角三角形

直角三角形

钝角三角形

等边三角形

等腰三角形

梯形

平行四边形

菱形　长方形

正方形

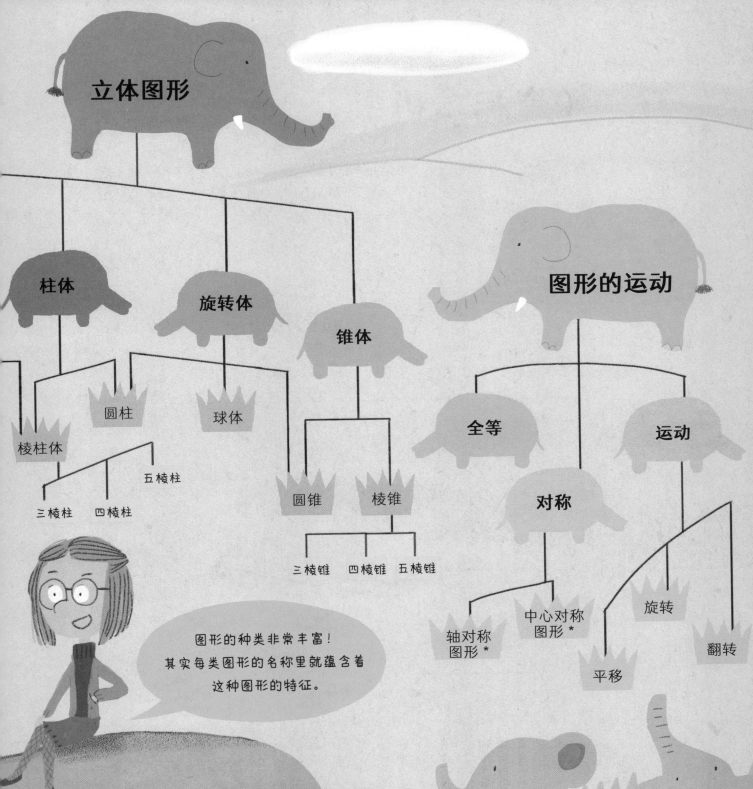

立体图形

柱体
旋转体
锥体

圆柱
球体

棱柱体
五棱柱

三棱柱　四棱柱

圆锥　棱锥

三棱锥　四棱锥　五棱锥

图形的运动

全等
运动

对称

轴对称
图形 *
中心对称
图形 *

平移

旋转

翻转

图形的种类非常丰富！
其实每类图形的名称里就蕴含着
这种图形的特征。

* 轴对称图形是指沿一条直线折叠，对折后两部分能够完全重合的图形。

* 中心对称是指一个图形绕着一个点旋转180°，旋转后的图形能与原来的图形重合。

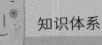

仔细观察概念树

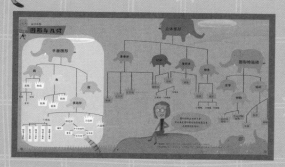

请仔细观察"图形与几何"中"平面图形"的部分。线和角是图形的基本组成元素。根据边的数量，多边形可以分为三角形、四边形、五边形等等。

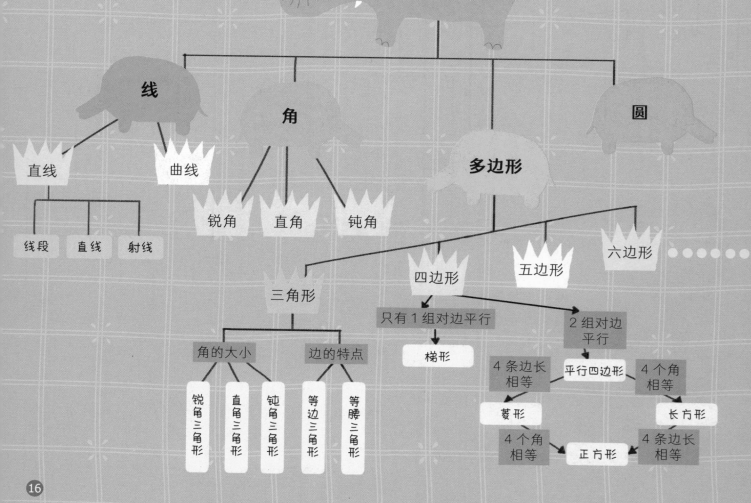

平面图形

线　　角　　　　　　圆

直线　曲线　　多边形

锐角　直角　钝角

线段　直线　射线

六边形

四边形　五边形

三角形

只有1组对边平行　　2组对边平行

角的大小　边的特点　　　梯形

4条边长相等　平行四边形　4个角相等

锐角三角形　直角三角形　钝角三角形　等边三角形　等腰三角形

菱形　　长方形

4个角相等　正方形　4条边长相等

线和角

 点是图形的起点。点、线和角之间有什么关系呢？

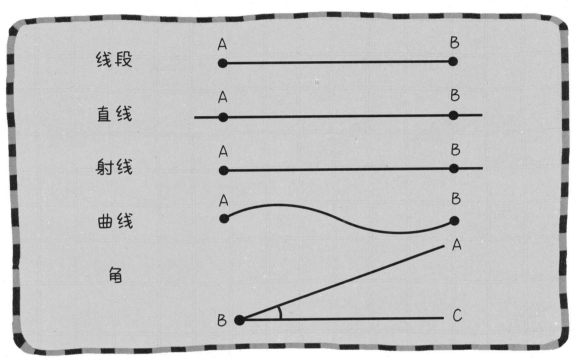

线段	A ●————————● B	
直线	A ●————————● B	
射线	A ●————————● B	
曲线	A ●～～～～● B	
角		

老师：两个点可以确定一条线。线分为直线和曲线。两点之间的直线部分就
是线段。线段向两端无限延长就成了直线。上面图中连接点 A 和点
B 形成的线段叫作线段 AB。同样的，经过点 A 和点 B 的直线叫作直
线 AB。另外，两点之间弯曲的线叫作曲线。

阿虎：那么角是由什么组成的呢？

老师：角是由从一个点画出的两条射线构成的。如果两条直线不相交或
者图形由曲线构成，就不能叫作角。我们称上图中的角叫作"角
ABC"或者"角 CBA"。

三角形

三角形的特征不同，其分类也不同。不同种类的三角形之间有什么关系吗？

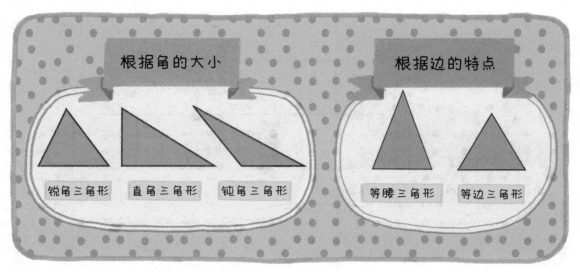

根据角的大小			根据边的特点	
锐角三角形	直角三角形	钝角三角形	等腰三角形	等边三角形

老师：根据角的大小不同，三角形可以分为 3 个角都是锐角的锐角三角形，有 1 个角是直角的直角三角形和有 1 个角是钝角的钝角三角形。

小兔：那么根据边的特点，三角形可以分成有 2 条边长相等的等腰三角形和 3 条边长都相等的等边三角形吗？

老师：没错。等边三角形既是锐角三角形也是等腰三角形。因为等边三角形的 3 个角都是锐角，3 条边的长度也都一样。

练一练

问 等边三角形根据角的大小分类，属于哪一种三角形？

答 锐角三角形

四边形

四边形的分类方法很多，因此很容易混淆。不过只要记住每一类四边形的图形特征，就能清晰地分辨了。

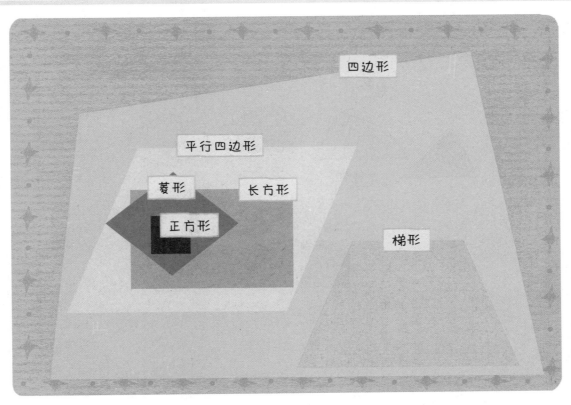

老师：只有1组对边平行的是梯形，2组对边都平行的是平行四边形。记住这一点，就能很容易区分不同类型的四边形了。

阿虎：那么平行四边形中4条边一样长的就是菱形，4个角都是直角的就是长方形了吧？

老师：是的！如果4条边的长度都一样，4个角的大小也都相等，就是正方形。正方形同时具有长方形和菱形的特征。

正多边形和圆

 正多边形是一种特殊的多边形。那么正多边形的特点是什么呢？

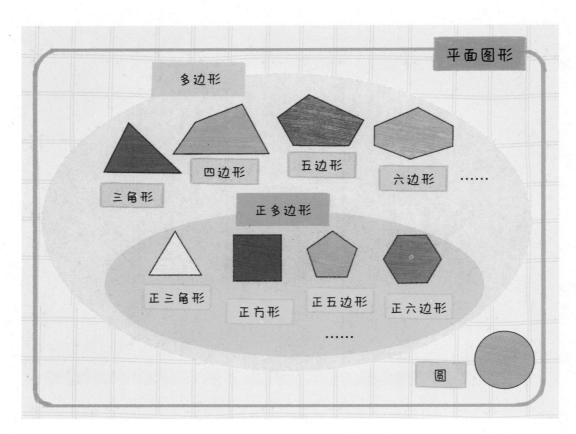

老师：由三条或三条以上的线段首尾依次连接所组成的平面图形叫作多边形。其中，各条边相等、各个角也相等的多边形叫作正多边形。我们在前几页提到的等边三角形和正方形都是正多边形。

小粉：那么圆呢？圆是多边形吗？

老师：圆不是由线段组成，它是由曲线构成的，所以不能叫作多边形。

图形的运动和全等

把两张纸叠在一起，剪一个三角形，就能得到两个全等三角形。

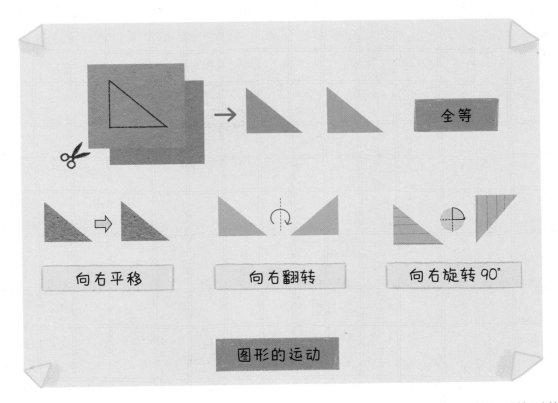

全等

向右平移　　　　向右翻转　　　　向右旋转90°

图形的运动

老师：你们看，上面我们剪出的就是两个全等三角形。全等是指两个图形的形状和大小都一样，可以完全重合。我们再来看一下图形的平移、翻转和旋转吧。

阿狸：平移之后，图形的样子没有发生变化，但是翻转和旋转之后图形的样子就发生了变化。

老师：三角形向右翻转后，它的右边和左边互换了位置。旋转的时候，根据不同的方向和旋转的程度，三角形的样子会发生不同程度的变化。但是图形的大小和形状并没有发生改变。因此平移、翻转或旋转后的三角形和原来的那个三角形是全等的。

知识体系

仔细观察概念树

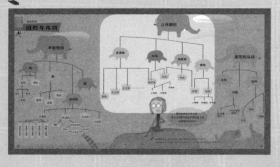

请仔细观察"图形与几何"中"立体图形"的部分。根据底面的个数，可以将立体图形分为锥体和柱体。另外，立体图形还可以分为由多边形围成的多面体和由平面图形旋转得到的旋转体。

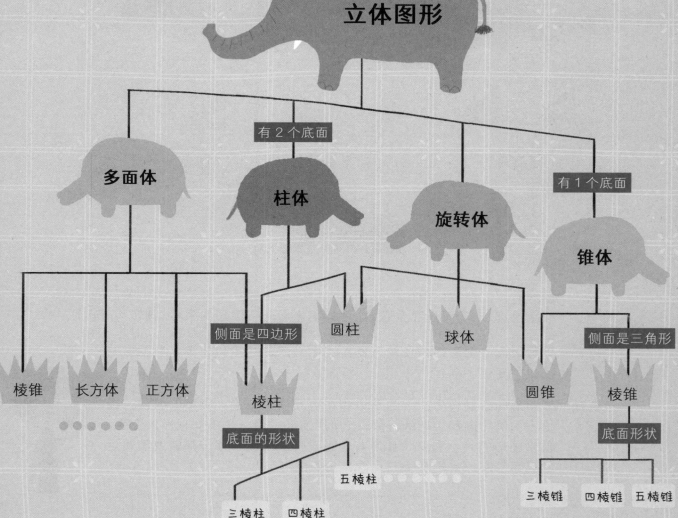

立体图形

有 2 个底面

多面体　　柱体　　旋转体　　有 1 个底面

锥体

侧面是四边形　　圆柱　　球体　　侧面是三角形

棱锥　　长方体　　正方体　　棱柱　　圆锥　　棱锥

底面的形状　　底面形状

五棱柱

三棱柱　　四棱柱　　三棱锥　　四棱锥　　五棱锥

柱体和锥体

立体图形有很多种分类，首先可以分为柱体和锥体。柱体和锥体有什么区别呢？

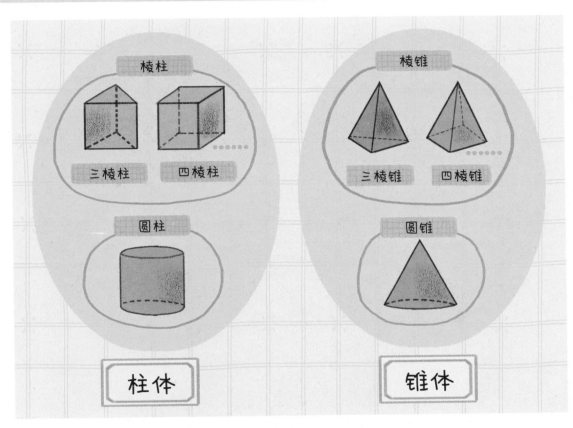

棱柱	棱锥
三棱柱　　四棱柱	三棱锥　　四棱锥
圆柱	圆锥
柱体	**锥体**

老师：柱体的两个底面平行且全等，而锥体只有一个底面。不过它们也有共同点，就是柱体和锥体的名称都是根据底面图形来确定的。

小兔：所以，底面如果是三角形，就叫作三棱柱或三棱锥，如果底面是圆形就叫圆柱或圆锥？可是，圆柱和圆锥既不属于棱柱也不属于棱锥吧？

老师：棱柱和棱锥的底面必须是多边形。因此，圆柱和圆锥不属于棱柱和棱锥。

多面体和旋转体

我们还可以将立体图形分为多面体和旋转体。这样分类的标准是什么呢？

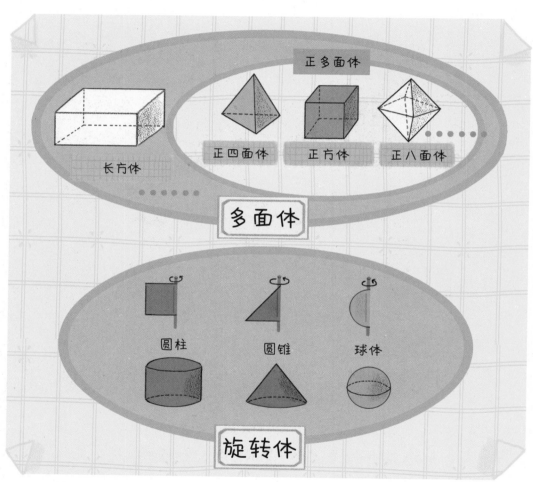

正多面体

长方体

正四面体　正方体　正八面体

多面体

圆柱　圆锥　球体

旋转体

老师：多面体是指四个或四个以上多边形所围成的立体图形。既包括像正方体这种所有面都是全等图形的正多面体，也包括长方体这样并不是所有面都全等的多面体。平面图形以一条直线为轴旋转一圈形成的立体图形叫作旋转体。圆柱、圆锥和球体都是旋转体。

直观图和展开图

　和平面图形不同，我们不能一眼看出立体图形是由什么样的图形经过怎样的折叠组成的。

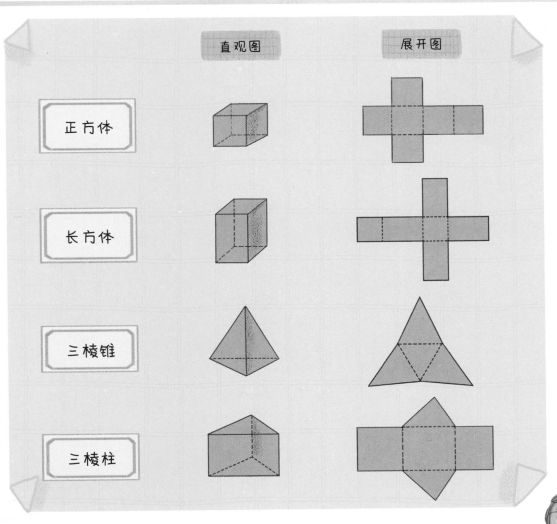

直观图　　展开图

正方体

长方体

三棱锥

三棱柱

老师：通过观察直观图和展开图，我们能直观地观察一个立体图形的组成。在直观图中，看不见的线用虚线表示，看得见的线用实线表示。展开图是将立体图形的表面在平面上摊平后得到的图形，虚线表示折叠线。

测量与单位

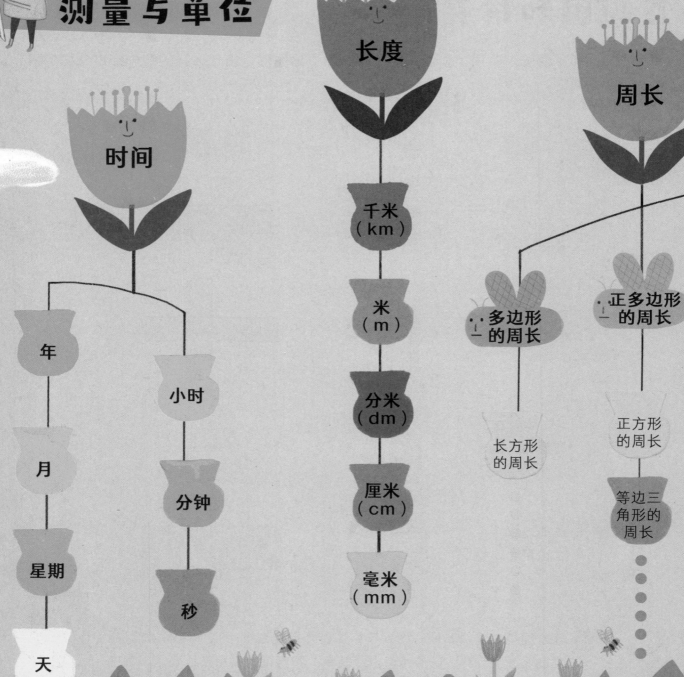

长度

周长

时间

千米
（km）

米
（m）

分米
（dm）

厘米
（cm）

毫米
（mm）

多边形
的周长

正多边形
的周长

年

月

星期

天

小时

分钟

秒

长方形
的周长

正方形
的周长

等边三
角形的
周长

26

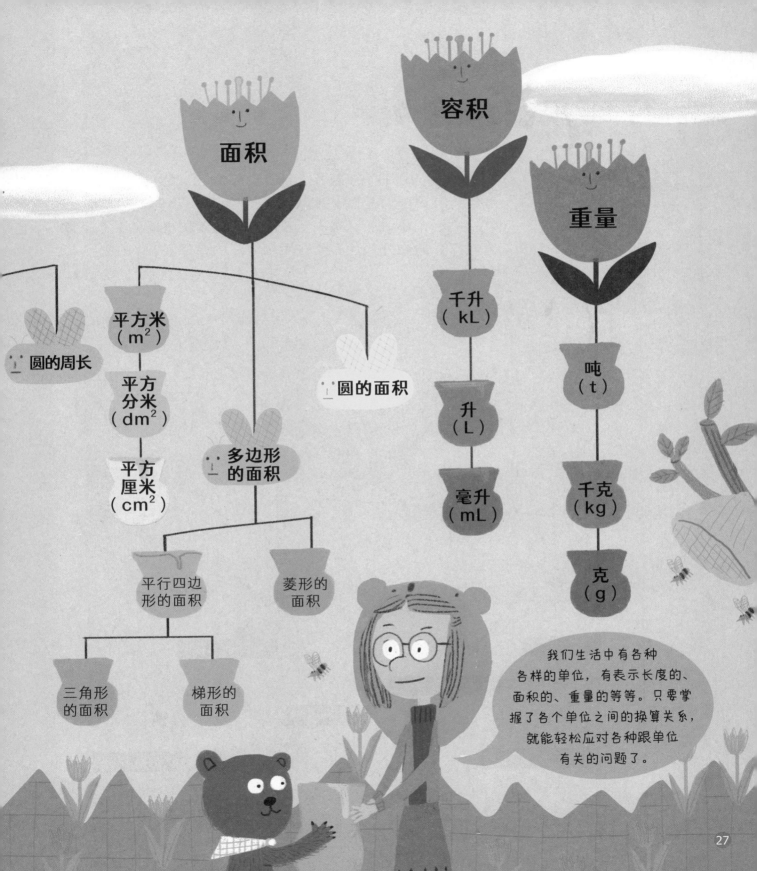

面积

容积

重量

圆的周长

平方米
（m²）

平方分米
（dm²）

平方厘米
（cm²）

多边形
的面积

圆的面积

千升
（kL）

升
（L）

毫升
（mL）

吨
（t）

千克
（kg）

克
（g）

平行四边形的面积

菱形的面积

三角形的面积

梯形的面积

我们生活中有各种各样的单位，有表示长度的、面积的、重量的等等。只要掌握了各个单位之间的换算关系，就能轻松应对各种跟单位有关的问题了。

仔细观察概念树

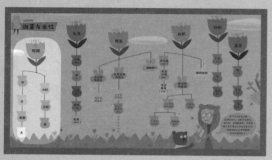

请仔细观察"测量与单位"中"时间"的部分。60 秒是 1 分钟，60 分钟等于 1 小时，1 天有 24 个小时。这是表示较短时间的单位之间的关系。除此之外，还有哪些表示时间的单位呢？

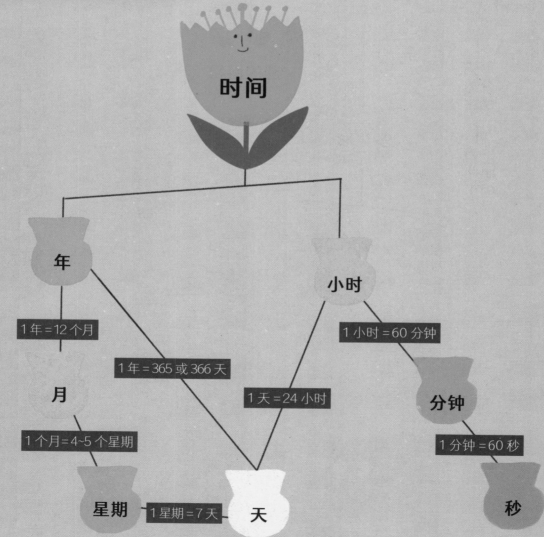

时间

年

小时

1 年 = 12 个月

1 年 = 365 或 366 天

1 小时 = 60 分钟

月

1 天 = 24 小时

分钟

1 个月 = 4~5 个星期

1 分钟 = 60 秒

星期　1 星期 = 7 天　天

秒

 概念图解

时间单位

下图是时间单位之间的换算关系。

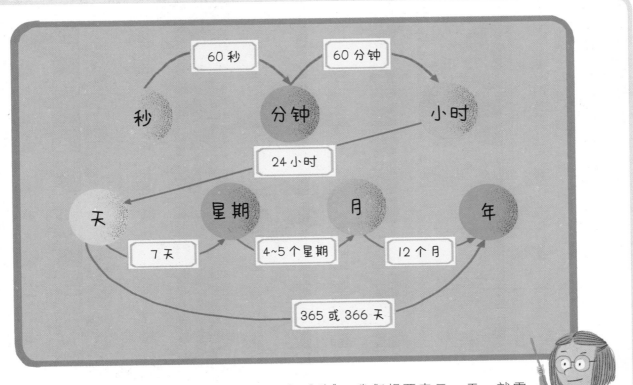

老师：想象一下，如果时间的单位只有"秒"，我们想要表示一天，就需要用一个很大的数字。因此，"分钟"和"小时"这些比"秒"大的单位的存在就很有必要了。表示时间的单位之间都有密切的联系。

练一练

问　小明去法国旅行的时候在巴黎待了两天，他一共待了多少个小时呢？

答　48 小时

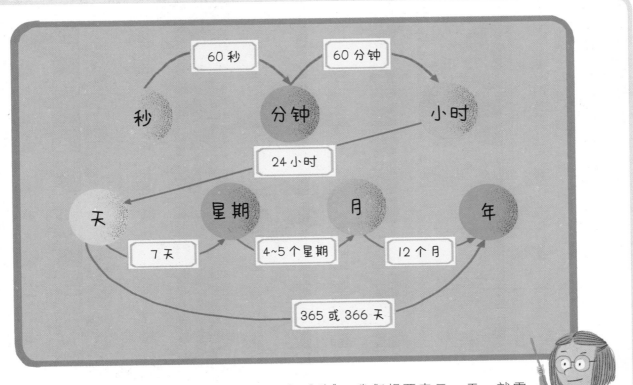（图中文字）

60 秒　60 分钟

秒　分钟　小时

24 小时

天　星期　月　年

7 天　4~5 个星期　12 个月

365 或 366 天

29

仔细观察概念树

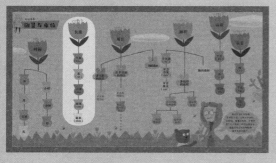

请仔细观察"测量与单位"中的"长度"部分。长度的单位有 km，m，cm 和 mm 等。各个长度单位间都有一定的换算关系，比如 1m=100cm。

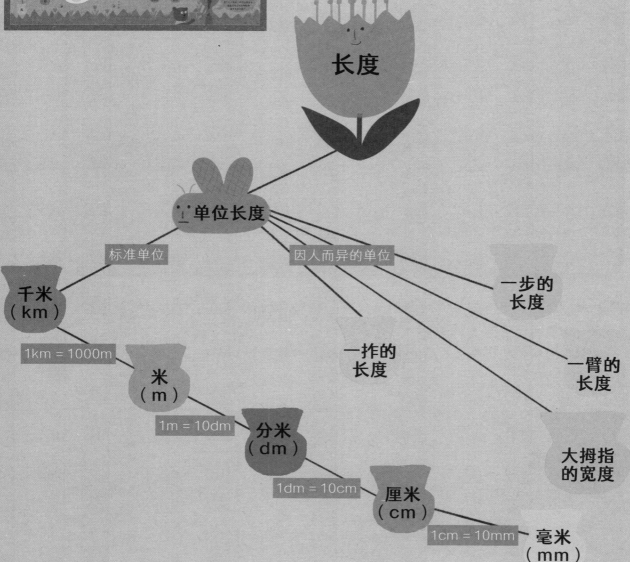

长度

单位长度

标准单位

因人而异的单位

一步的长度

千米（km）

一拃的长度

一臂的长度

1km = 1000m

米（m）

大拇指的宽度

1m = 10dm

分米（dm）

1dm = 10cm

厘米（cm）

1cm = 10mm

毫米（mm）

长度单位

mm，cm，dm，m 和 km 都是长度单位吗？

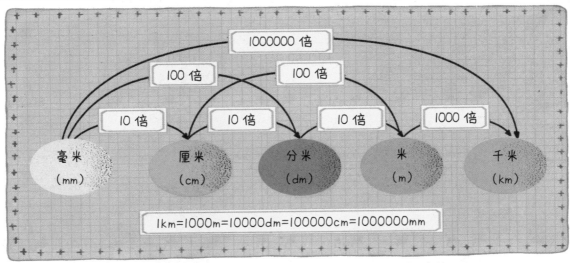

1000000 倍

100 倍　　100 倍

10 倍　　10 倍　　10 倍　　1000 倍

毫米（mm）　厘米（cm）　分米（dm）　米（m）　千米（km）

1km=1000m=10000dm=100000cm=1000000mm

老师：mm，cm，m 和 km 都是表示长度的单位。1mm 的 10 倍是 1cm，1cm 的 10 倍是 1dm，1dm 的 10 倍是 1m，1m 的 1000 倍是 1km。

阿狸：表示长度时，每次只能用一种单位吗？

老师：并不是。比如表示身高既可以表示成 1.5m，也可以表示成 150cm。遇到比较短的长度，比如物体的长度时，一般用 mm 和 cm；遇到比较长的长度，比如两地之间的距离，一般用 m 和 km。

练一练

问 马拉松全程长 42km195m，这个距离是多少 m 呢？

答 42195m

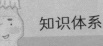

仔细观察概念树

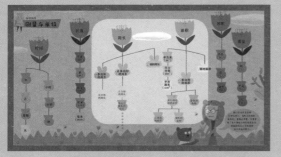

请仔细观察"测量与单位"中"周长"和"面积"的部分。图形的周长是图形所有边长的和。计算每种图形面积的公式各不相同，不过有的图形之间也有关联。比如，用计算长方形面积的方法也可以计算出平行四边形和菱形的面积。

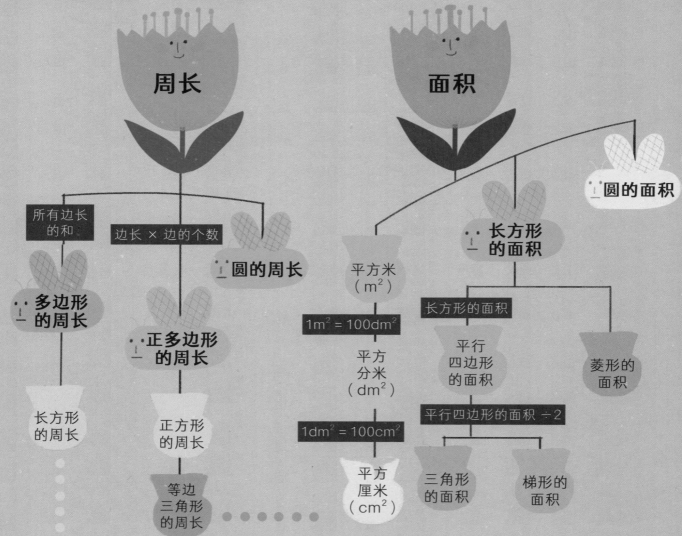

周长

所有边长的和

边长 × 边的个数

圆的周长

多边形的周长

正多边形的周长

长方形的周长

正方形的周长

等边三角形的周长

面积

圆的面积

长方形的面积

平方米（m²）

1m² = 100dm²

平方分米（dm²）

1dm² = 100cm²

平方厘米（cm²）

长方形的面积

平行四边形的面积

平行四边形的面积 ÷ 2

三角形的面积

梯形的面积

菱形的面积

概念图解

周长

多边形的周长就是图形中所有边长的和。计算周长有没有更简单的办法呢？

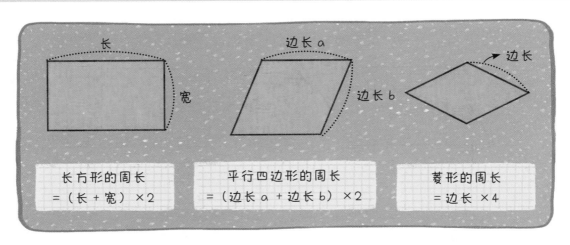

长方形的周长
=（长＋宽）×2

平行四边形的周长
=（边长 a ＋边长 b）×2

菱形的周长
= 边长 ×4

老师：上述几类图形都有计算周长的公式。因为平行四边形和长方形两组对
边的长度相等，只要将长度不一样的两条边相加，再乘 2 就可以了。
而菱形的四条边都相等，因此用边长乘 4 就可以了。

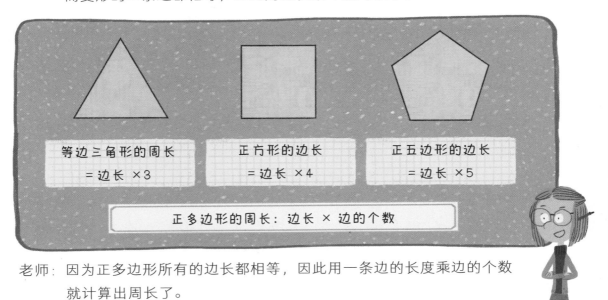

等边三角形的周长
= 边长 ×3

正方形的边长
= 边长 ×4

正五边形的边长
= 边长 ×5

正多边形的周长：边长 × 边的个数

老师：因为正多边形所有的边长都相等，因此用一条边的长度乘边的个数
就计算出周长了。

33

面积

 平行四边形和菱形的面积公式跟长方形的面积公式有关系吗?

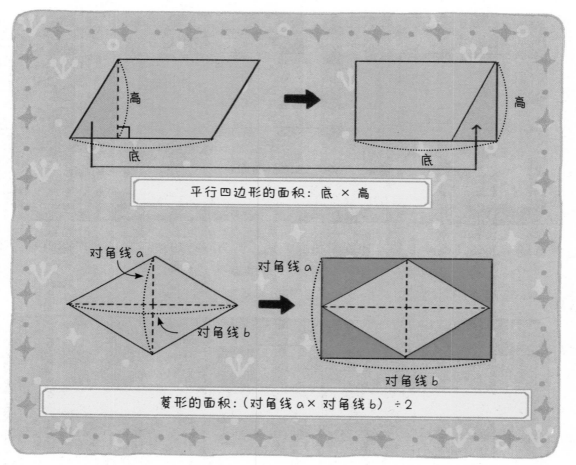

平行四边形的面积:底 × 高

对角线a

对角线b

菱形的面积:(对角线a × 对角线b) ÷ 2

老师: 在计算平行四边形和菱形的面积时,我们可以借用长方形的面积公式。将平行四边形分成1个三角形和1个四边形,然后将左边的三角形移到右边,就变成了1个长方形。这时平行四边形的底和高就分别变成了长方形的长和宽。因此平行四边形的底和高相乘就是平行四边形的面积了。而菱形的2条对角线跟比这个菱形大1倍的长方形的长和宽相等。因此,菱形的2条对角线相乘后再除以2,就是菱形的面积。

 那么三角形和梯形的面积也跟长方形的面积公式有关系吗？

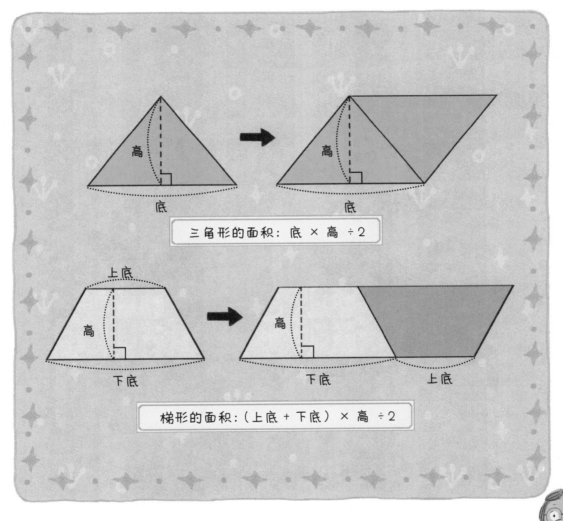

三角形的面积：底 × 高 ÷ 2

梯形的面积：（上底 + 下底）× 高 ÷ 2

老师：三角形和梯形面积也可以借用长方形面积的计算方法。两个全等的三角形和两个全等的梯形都能组成一个平行四边形。因此我们计算出两个三角形和两个梯形拼出的平行四边形的面积后再除以 2 就可以了。

仔细观察概念树

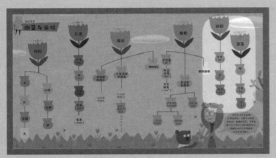

请仔细观察"测量与单位"中"容积"和"重量"的部分。表示容积的有 mL，L，kL，表示重量的单位有 g，kg，t。这些相邻的单位之间都是 1000 倍的关系。

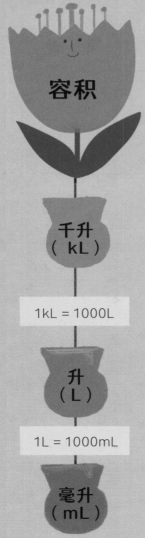

容积

千升
（ kL ）

1kL = 1000L

升
（ L ）

1L = 1000mL

毫升
（ mL ）

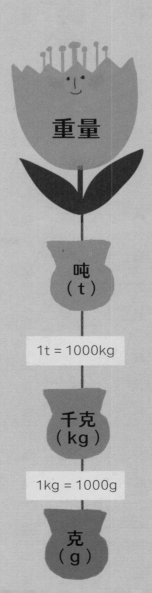

重量

吨
（ t ）

1t = 1000kg

千克
（ kg ）

1kg = 1000g

克
（ g ）

容积单位和重量单位

容积的单位有很多，例如 mL，L，kL 等等。1L 等于 1000mL，1000L 等于 1kL。1kL 读作"一千升"。每相邻两个单位之间都是 1000 倍的关系。

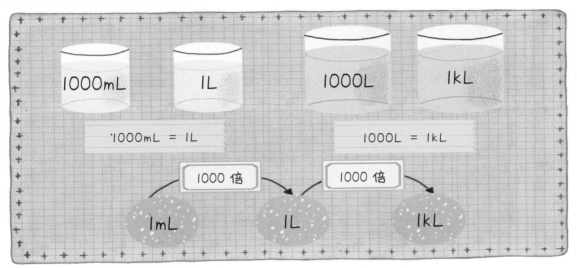

1000mL = 1L

1000L = 1kL

1000 倍

1000 倍

1mL

1L

1kL

老师：重量单位也有很多个，比如 g，kg，t 都是重量单位。1kg 等于 1000g，1000kg 等于 1t。1t 读作"一吨"。跟容积单位一样，重量单位的相邻单位之间都是 1000 倍的关系。

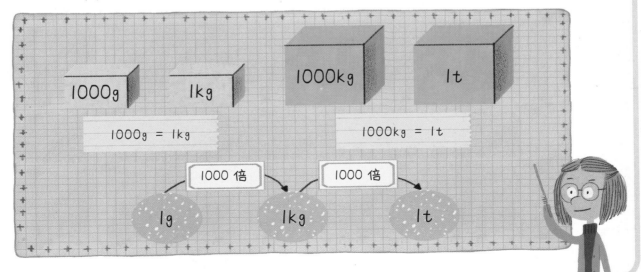

1000g = 1kg

1000kg = 1t

1000 倍

1000 倍

1g

1kg

1t

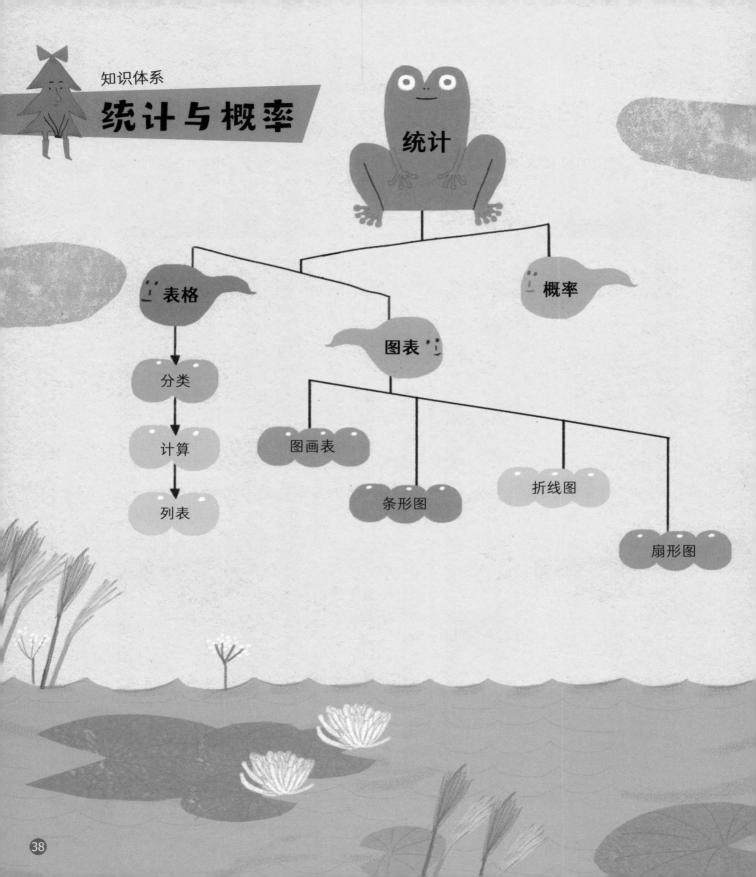

统计与概率

统计

表格

概率

图表

分类

计算

列表

图画表

条形图

折线图

扇形图

概率

概率

可能情况
的个数

简单的可能
情况的个数

有顺序的可能
情况的个数

两件事同时发生时
的可能情况的个数

多种可能
情况的个数

表格和图表能将数据直观
地呈现出来。而知道了可
能情况的个数，我们就可
以计算概率了。

仔细观察概念树

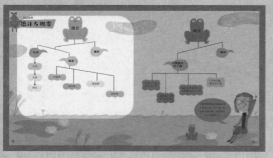

请仔细观察"统计与概率"中"统计"的部分。用表格将调查的数据表示出来，一目了然。如果将表格用图表表示出来，会更加直观。图表的种类很多，选择最能显示调查数据特征的图表就可以了。

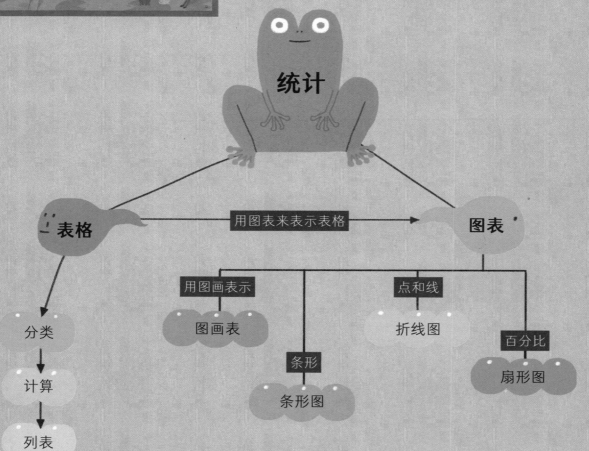

图画表和条形图

我们调查了各个牧场的牛奶产量，怎样能直观地展现我们的调查数据呢？

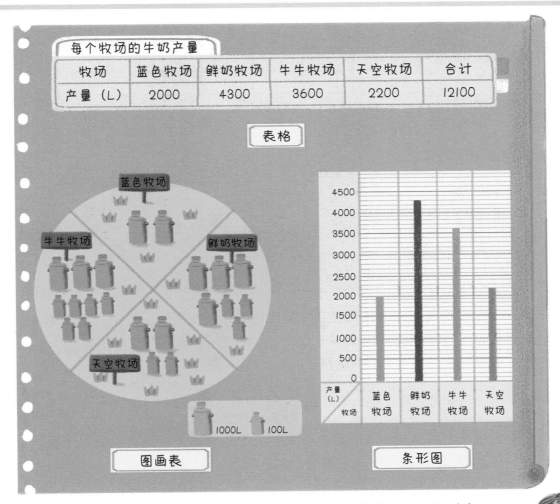

每个牧场的牛奶产量

牧场	蓝色牧场	鲜奶牧场	牛牛牧场	天空牧场	合计
产量（L）	2000	4300	3600	2200	12100

表格

图画表

条形图

老师：表格可以直观地呈现复杂的数据。表格里的数据也可以通过多样的图表来展现。图画表是用图画的大小和个数表示数据的多少，条形图是用柱状条的长短来表示数据的多少。与表格相比，越是复杂的数据，越适合用图表呈现。通过图表，我们是不是一眼就能看出哪一个牧场的牛奶产量最多？

折线图

折线图是什么呢？是用折断的线来表示数据的图表吗？

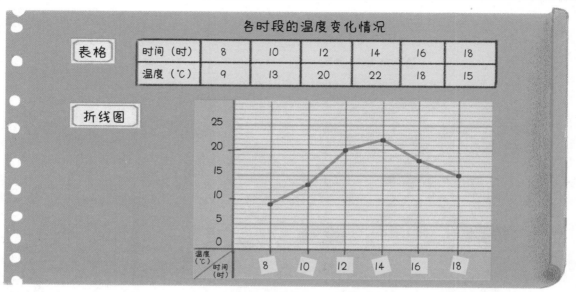

各时段的温度变化情况

时间（时）	8	10	12	14	16	18
温度（℃）	9	13	20	22	18	15

老师：上面是显示不同时段温度变化的折线图。折线图是将各个数据用点
表示、再用线段将点连起来的图表。因为是将位置不同的点连在一起，
线就好像是被上下折断的样子，因此叫作折线图。

阿狸：啊，原来是这样！那么折线图的特点是什么呢？

老师：折线图能清楚地表现数据的变化情况。折线图上两点之间的线段的
倾斜程度，则反映了数据变化的剧烈程度。

练一练

问 温度变化最大的时间段是几点到几点？

答 10 点到 12 点之间

扇形图

 我们班的书库中童话所占的比重是多少呢?

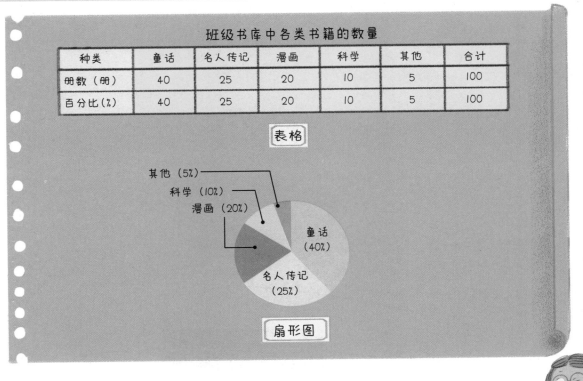

班级书库中各类书籍的数量

种类	童话	名人传记	漫画	科学	其他	合计
册数（册）	40	25	20	10	5	100
百分比(%)	40	25	20	10	5	100

表格

其他（5%）
科学（10%）
漫画（20%）
童话（40%）
名人传记（25%）

扇形图

老师：这时用表示百分比的扇形图就能一下子知道各部分的比重了。想要画出扇形图，首先要计算出百分比。百分比是指将整体看作 100 时，各部分所占的比例，用"%"表示。整体 100 册图书中有 40 册童话，因此童话所占的百分比就是 40%。

练一练

问 阿虎班上的班级书库中数量第二多的是哪一类书?

答 名人传记

仔细观察概念树

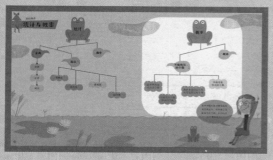

请仔细观察"统计与概率"中"概率"的部分。一件事情可能发生的所有情况的个数叫作可能情况的个数。某件事发生的可能情况个数占所有可能情况的个数的比例叫作概率。可能情况的个数和概率之间有什么关系呢?

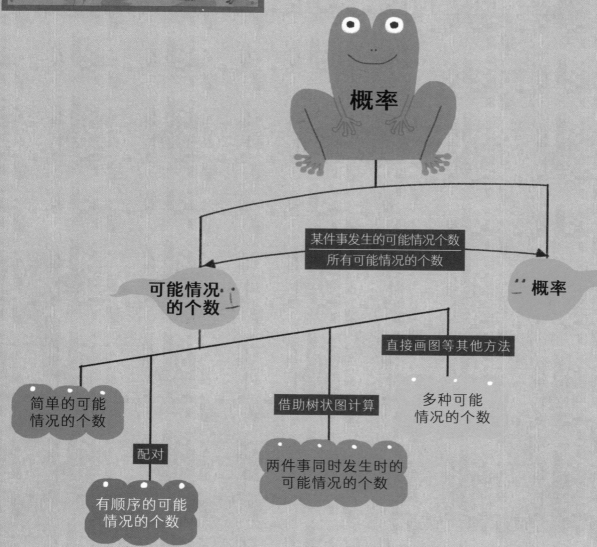

概率

$$\frac{\text{某件事发生的可能情况个数}}{\text{所有可能情况的个数}}$$

可能情况的个数

概率

直接画图等其他方法

简单的可能情况的个数

借助树状图计算

多种可能情况的个数

配对

两件事同时发生时的可能情况的个数

有顺序的可能情况的个数

可能情况的个数和概率

 可能情况的个数和概率是什么关系呢？

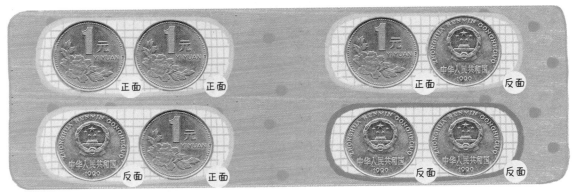

老师：概率是指一件事情发生的可能性的大小，因此和可能情况的个数有着密切的关系。如果掷两枚1元硬币，一共会出现多少种情况呢？

阿狸：一共会出现"正面、正面，正面、反面，反面、正面，反面、反面"4种情况。

老师：没错。那么我们来看看两枚1元硬币都是反面的概率吧？所有4种可能情况的个数中都是反面的可能性只有"反面、反面"1种。根据概率的计算公式 $\dfrac{某件事发生的可能情况个数}{所有可能情况的个数}$，因此两枚硬币都是反面的概率是 $\dfrac{1}{4}$。

阿狸：原来要想计算出概率，就要先知道可能情况的个数呀！

练一练

问 两枚1元硬币同时扔出正面朝上的概率是多少？

答 $\dfrac{1}{4}$

规律与解题方法

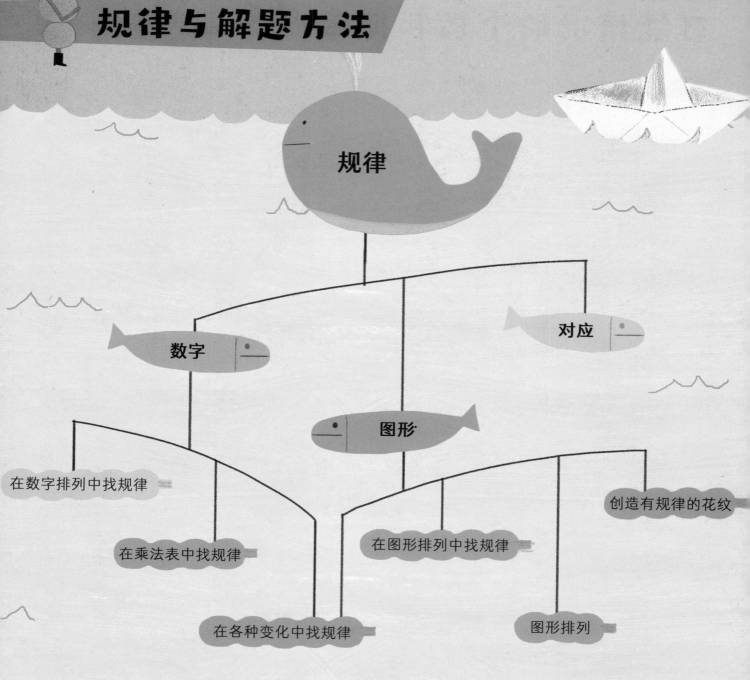

规律

数字

对应

图形

在数字排列中找规律

在乘法表中找规律

在各种变化中找规律

在图形排列中找规律

图形排列

创造有规律的花纹

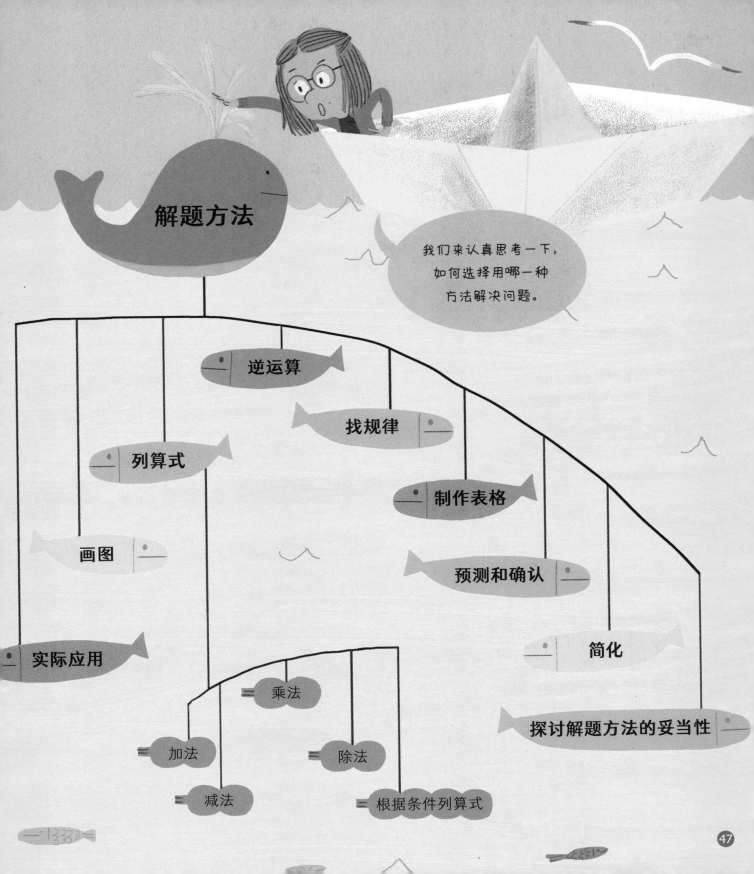

仔细观察概念树

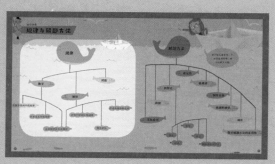

请仔细观察"规律与解题方法"中"规律"的部分。我们既可以在多种多样的排列中发现规律，也可以在排列中创造规律。另外，我们还可以在规律中发现隐藏的对应关系。

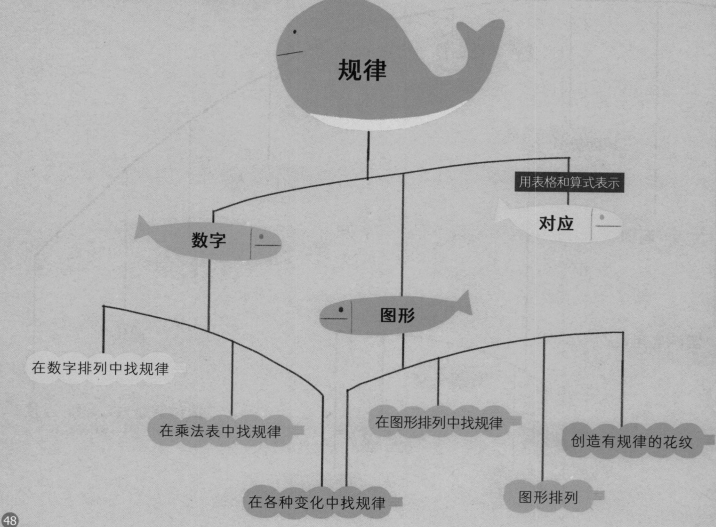

规律

用表格和算式表示

对应

数字

图形

在数字排列中找规律

在乘法表中找规律

在图形排列中找规律

创造有规律的花纹

在各种变化中找规律

图形排列

规律和对应

每张桌子旁坐 3 个人，在这种情况下，桌子数和坐着的人数之间是有对应关系的。这个对应关系就是每增加 1 张桌子，就会增加 3 个人。

老师：如果有 10 张桌子，会有多少个人呢？如果知道了桌子和人之间的对应关系，很容易就计算出来了。我们用表格来表示一下吧。

桌子数（□）	1	2	3	4	……
人数（○）	3	6	9	12	……

老师：我们用表格来表示出桌子和人数的对应关系。桌子用□表示，人数用○表示，两者的对应关系就是下面的算式。

$$○ = □ × 3$$

知识体系

仔细观察概念树

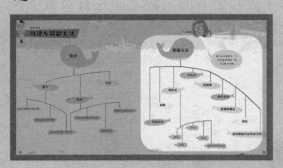

请仔细观察"规律与解题方法"中"解题方法"的部分。解题方法有很多，选择合适的方法至关重要。另外，有些问题的解题方法不止一个，所以同一个问题我们可以用不同的方法来解决。

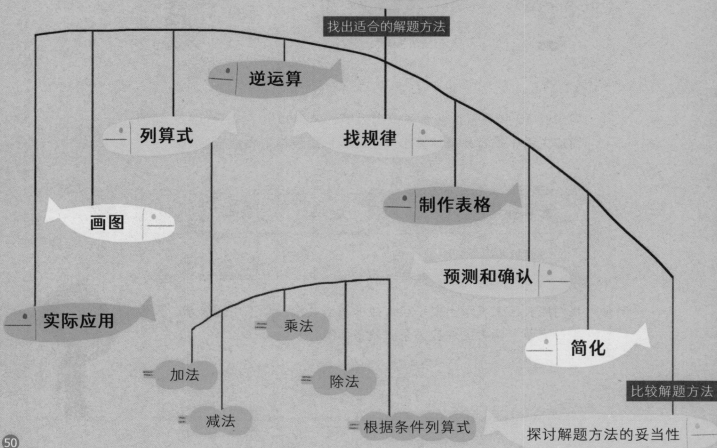

解题方法

找出适合的解题方法

逆运算

列算式　　　　找规律

制作表格

画图

预测和确认

实际应用

乘法

加法　　　除法

减法　　　根据条件列算式

比较解题方法

探讨解题方法的妥当性

简化

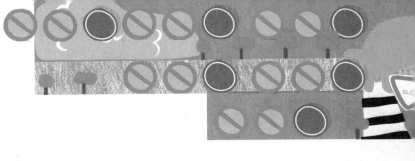

解题步骤

 解题的时候，最重要的就是找到适合题目的解题方法。

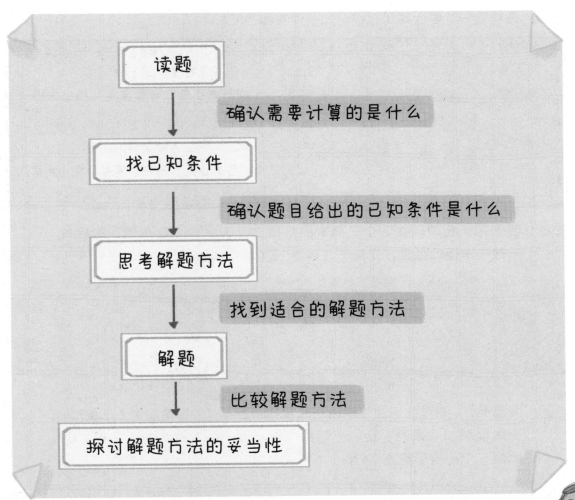

读题

确认需要计算的是什么

找已知条件

确认题目给出的已知条件是什么

思考解题方法

找到适合的解题方法

解题

比较解题方法

探讨解题方法的妥当性

老师：我们按顺序看看解题的步骤吧。首先仔细读题，确认需要计算的是什么；然后观察题目中所给的已知条件，找到适合题目的解题方法；最后跟用其他方法计算出结果的小朋友进行比较，试着讨论一下谁的方法最简便。

解题方法 1

如下图所示，想要摆出 6 个同等大小的三角形，需要多少根小木棍呢？

老师：先观察一下要计算什么和已知条件有哪些吧？

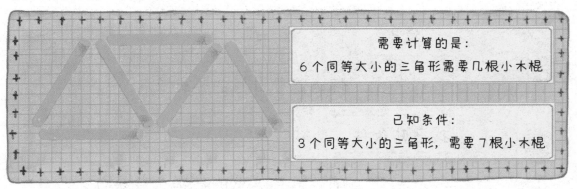

需要计算的是：
6 个同等大小的三角形需要几根小木棍

已知条件：
3 个同等大小的三角形，需要 7 根小木棍

阿狸：我们来画图吧。在 3 个三角形的基础上，画出 6 个三角形，然后数一数小木棍的数量，发现一共需要 13 根小木棍。

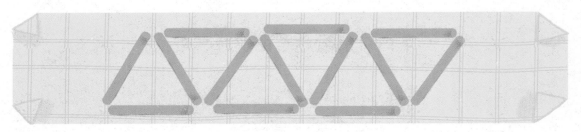

老师：做得很好。不过我们还可以通过找规律得出答案。每增加 1 个三角形，小木棍增加几根呢？我们一起找找看。原来小木棍增加了 2 根。因此做 6 个三角形需要 13 根小木棍。

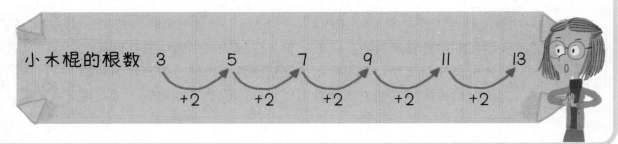

小木棍的根数　3　　5　　7　　9　　11　　13
+2　+2　+2　+2　+2

解题方法 2

 100 元硬币和 500 元硬币一共有 10 枚。这些硬币总共是 2600 元，那么 100 元的硬币和 500 元的硬币各有几枚？

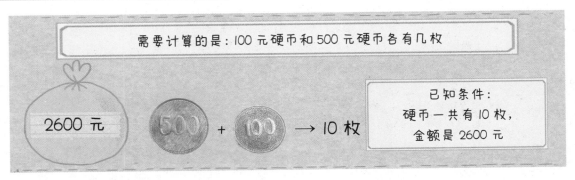

需要计算的是：100 元硬币和 500 元硬币各有几枚

2600 元　500 + 100 → 10 枚

已知条件：
硬币一共有 10 枚，
金额是 2600 元

小粉：通过预测和确认的方法，就可以解开题目了。

如果预测 500 有 5 枚，100 有 5 枚，那么 500×5 + 100×5 = 3000 元，比 2600 元多。

所以，将 500 元的硬币减少 1 枚：

如果预测 500 有 4 枚，100 有 6 枚，那么 500×4 + 100×6 = 2600 元。

因此，500 元硬币有 4 枚，100 元硬币有 6 枚。

老师：没错，不过也可以通过列表得出答案。观察表格，我们发现，500 元的硬币有 4 枚、100 元的硬币有 6 枚的时候是 2600 元。

500 元硬币的个数（枚）	1	2	3	4	5	6	7	8	9
100 元硬币的个数（枚）	9	8	7	6	5	4	3	2	1
金额（元）	1400	1800	2200	2600	3000	3400	3800	4200	4600

小学数学核心概念手册

制作说明

①

沿着黑色实线，剪下制作小册子的图纸。

②

依次找到折叠线①、②、③，根据折叠线的类型，按照编码顺序完成折叠。检查页面上方的编号顺序是否正确。

③

将小册子上方和下方相连的部分分别剪开。

④

用同样的方法完成 55 页到 64 页图纸的裁剪和折叠，根据页码顺序，用订书器将 5 份小册子装订在一起。

- — — — — 山折线
- — · — · — 谷折线

- 上图的角就叫作直角。
- 直角的度数是 90°。

- 1，2，3，4，5……这样的数。
- 位数不同，数值也不同。

- 上图的线段可以叫作线段 AB。
- 两点之间的直线。

A━━━━━━━━━━━━━━B

- 分子是 1 的分数。

$$\frac{1}{2}，\frac{1}{3}，\frac{1}{4}，\frac{1}{5}……$$

- 带分数可以转化成假分数。
- 带分数的整数部分和分母相乘后，再加上分子的部分，就是假分数的分子。

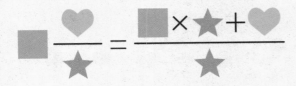

- 整数和真分数的和组成的分数。
- $1\frac{2}{3}$，$2\frac{3}{5}$，$3\frac{2}{7}$ ……

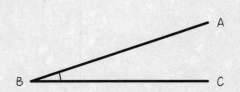

- 比 0 大，比 1 小的数。
- 0.1，0.2，0.3 ……

- 从 B 点延伸出的 2 条射线构成的图形。
- 上图的角可以叫作∠ABC 或∠CBA。

- 分子比分母小的分数。
- $\frac{1}{5}$，$\frac{2}{3}$，$\frac{4}{5}$，$\frac{2}{6}$ ……

- 将线两端无限无限延长，就是直线。
- 上图的直线可以叫作直线 l。

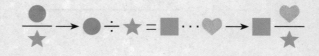

❻ 假分数

假分数→带分数 ❼

- 分子和分母一样大或者分子比分母大的分数。
- $\frac{3}{2}$，$\frac{7}{3}$，$\frac{8}{5}$，$\frac{11}{6}$ ……

- 假分数可以转化成带分数。
- 假分数的分子被分母整除的部分成为带分数中整数的部分，余数成为带分数的分子。

$$\frac{●}{★} \rightarrow ● \div ★ = ■ \cdots ♥ \rightarrow ■\frac{♥}{★}$$

㉔ 平行四边形

- 两组对边分别平行的四边形叫作平行四边形。
- 对边相等。
- 对角相等。

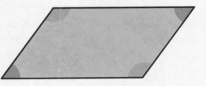

锐角 ⑬

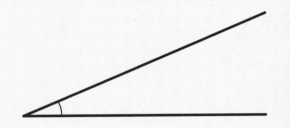

- 小于 90° 的角。

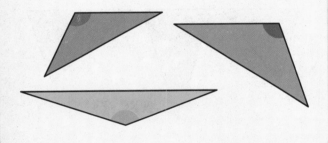

- 1 个角是钝角的三角形。

钝角三角形 ㉑

正三角形　正方形　正五边形　正六边形

- 边长相等，角的大小相等的多边形。
- 根据边的个数，分为正三角形、正方形、正五边形、正六边形……

正多边形 ⑯

---

⑳ 直角三角形

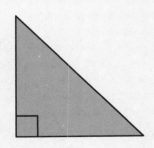

- 1 个角是直角的三角形。

对角线 ⑰

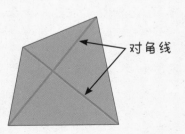

对角线

- 连接多边形不相邻的 2 个顶点的线。

⑭ 钝角

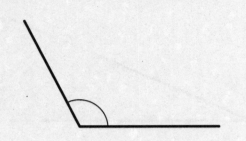

- 比 90° 大、比 180° 小的角。

梯形 ㉓

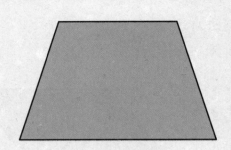

- 只有 1 组对边平行的四边形。

⑮ 多边形

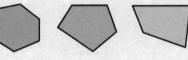 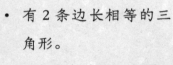

- 用线段围成的图形。
- 根据边的数量，可以分为三角形、四边形、五边形、六边形……

锐角三角形 ㉒

- 3 个角都是锐角的三角形。

⑱ 等腰三角形

- 有 2 条边长相等的三角形。
- 2 个底角的大小相等。

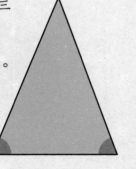

正三角形 ⑲

- 3 条边长都相等的三角形。
- 3 个角的大小都相等。

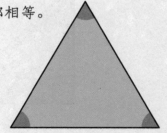

32 圆锥

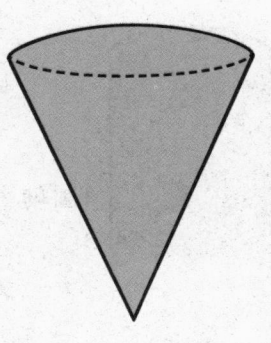

- 锥形体。
- 只有 1 个底面，有 1 个顶点。
- 侧面是曲面，底是圆形。

29 棱柱

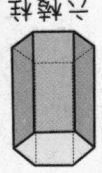 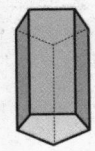 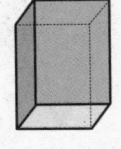 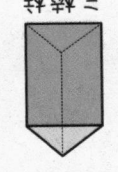

三棱柱　四棱柱　五棱柱　六棱柱

- 底面是多边形，侧面是长方形的立体图形。
- 根据底面的形状，分为三棱柱、四棱柱、五棱柱、六棱柱……

28 圆

- 从 1 个点出发到相同距离的所有点组成的图形。
- 同一个圆里直径是半径的 2 倍。

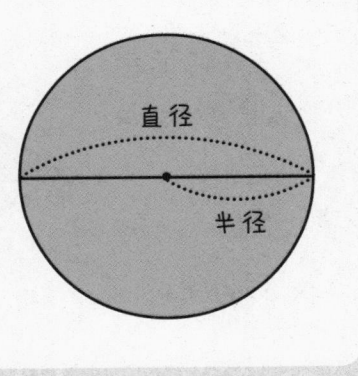

直径　半径

33 长方体

- 长方体有 6 个面，每一个面一般都是长方形。
- 2 个面相交的线段叫作棱，3 条棱相交的点叫作顶点。

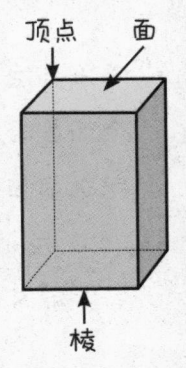

顶点　面　棱

25 正方形

- 4 条边的长相等，4 个角都是直角的四边形。
- 正方形是特殊的长方形，它具有长方形的所有特征。

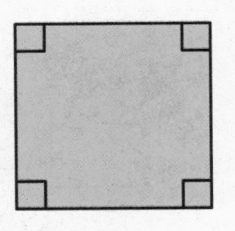

36 展开图

- 立体图形展开后得到的平面图。

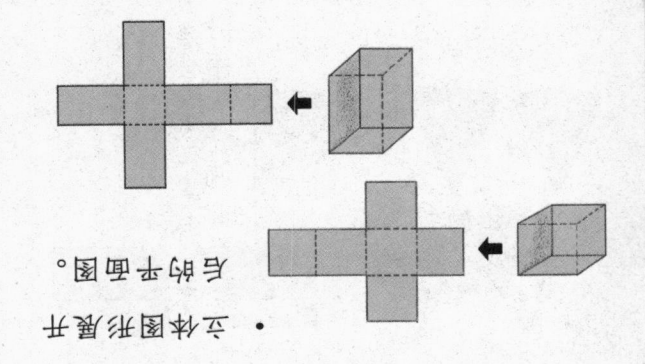

- 4个角都是直角的四边形。
- 2组对边的长度分别相等。

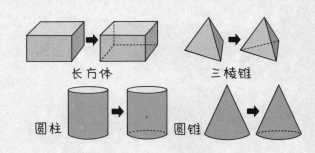

- 为了看清楚立体图形的样子所绘制的图。

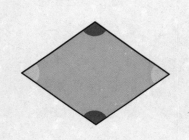

- 4条边的长度相等的四边形。
- 2组对角分别相等。

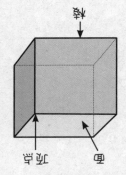

- 正方体有6个面，每个面都是正方形，面的大小都相等。
- 12条棱的长度相等，有8个顶点。

30 棱锥　　　　　　　　　　　　　　　　圆柱 31

三棱锥　　四棱锥　　五棱锥　　六棱锥

- 底面是多边形，侧面是三角形的立体图形。
- 根据底面的形状，分为三棱锥、四棱锥、五棱锥、六棱锥……

- 圆桶形状的立体图形。
- 2个底面是大小相等的圆。
- 2个底面互相平行。
- 侧面展开图是长方形。

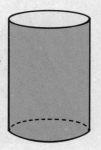

❹❽ 平行四边形的面积

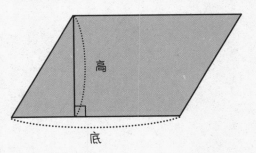

高

底

- 平行四边形的面积 = 底 × 高

轴对称图形 ❸❼

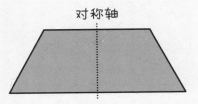

对称轴

- 沿 1 条直线折叠后,两边完全重合的图形。
- 这条线就叫作对称轴。

❹❺ 正方形的面积

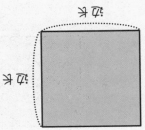

边长

边长

- 正方形的面积 = 边长 × 边长

❹⓿ 图形的平移

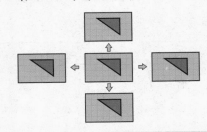

- 向上、向下、向左、向右平移,图形的样子和大小都不会变化。

❹❹ 面积单位

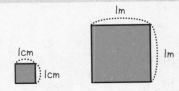

1cm

1cm

1m

1m

- 边长是 1cm 的正方形的面积是 $1cm^2$,读作 1 平方厘米。
- 边长是 1m 的正方形的面积是 $1m^2$,读作 1 平方米。

图形的翻转 ❹❶

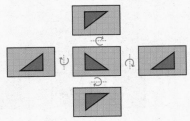

- 将图形向左或向右翻转,图形的左右会互相调换。
- 将图形向上或向下翻转,图形的上下会互相调换。

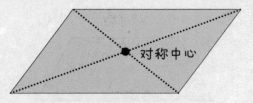

- 以1个点为中心旋转180°后完全重合的图形。
- 这个点就叫作对称中心。

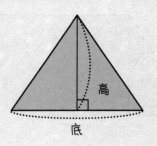

高

底

- 三角形的面积＝底 × 高 ÷ 2

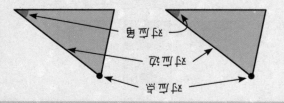

对应点

对应边

对应角

- 形状和大小都一样，可以完全重合的2个图形互为全等图形。
- 有对应点、对应边和对应角。

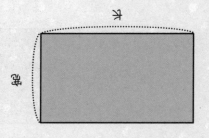

宽

长

- 长方形的面积＝长 × 宽

- 旋转的角度不同，旋转后可以得到的图形也不一样。
- 旋转一圈后，又得到了与最初图形相同的图形。

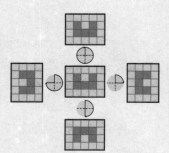

- 1cm = 10mm
- 1dm = 10cm
- 1m = 10dm
- 1km = 1000m = 10000dm = 100000cm

⑥⓪ 扇形图

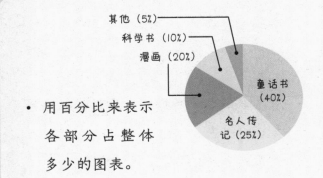

- 用百分比来表示各部分占整体多少的图表。

（其他(5%)、科学书(10%)、漫画(20%)、童话书(40%)、名人传记(25%)）

菱形的面积 ㊾

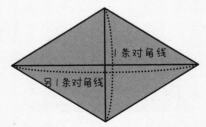

- 菱形的面积 = 1条对角线 × 另1条对角线 ÷ 2

㊷ 图画单

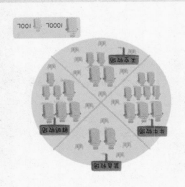

- 用简单的图画来表示调查结果中的图案，数量的多少，一目了然。

容积单位 ㊾

- $1L = 1000mL$
- $1kL = 1000L$
- $1kL = 1000L = 1000000mL$

㊺ 概率

- 某件事情发生的可能性的大小。
- 概率 = $\dfrac{某件事发生的可能情况个数}{所有可能情况的个数}$

时间单位 ㊾

- 1分钟 = 60秒
- 1小时 = 60分钟
- 1天 = 24小时
- 1星期 = 7天
- 1月 = 4~5星期
- 1年 = 12个月 = 365或366天

50 梯形的面积

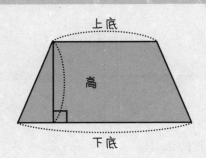

- 梯形的面积＝（上底＋下底）×高÷2

59 折线图

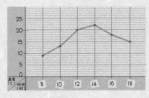

- 用点表示各个数据，然后用线段连接各点的图表。
- 一眼就能看出数量变化的样子。

51 重量单位

- 1kg = 1000g
- 1t = 1000kg
- 1t = 1000kg = 1000000g

58 条形图

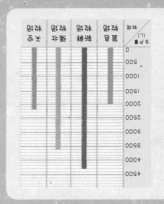

- 用长方形条来测量数据的图表。
- 数量的多少一目了然。

54 平均数

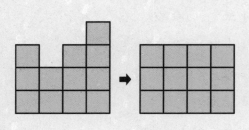

- 平均数＝所有数相加的和÷个数

55 可能情况的个数

- 用于计算一件事情发生的可能性。
- 比如，扔出1个骰子的点数的可能情况的个数一共有6个。